**Bibliografische Information der Deutschen Nationalbibliothek:**

Die Deutsche Bibliothek verzeichnet diese Publikation in der Deutschen National-
bibliografie; detaillierte bibliografische Daten sind im Internet über http://dnb.d-
nb.de/ abrufbar.



**Impressum:**

Copyright © 2018 GRIN Verlag
Druck und Bindung: Books on Demand GmbH, Norderstedt Germany
ISBN: 9783668710290

**Dieses Buch bei GRIN:**

https://www.grin.com/document/426702

Simon Lange

# Alternativen zur Honigbiene für die Bestäubung von Blütenpflanzen

GRIN Verlag

Abiturjahrgang
2016/2018

# SEMINARARBEIT

Rahmenthema des Wissenschaftspropädeutischen Seminars:

**Landwirtschaft - Ernährung und Versorgung der Weltbevölkerung auf Kosten unserer natürlichen Ökosysteme**

Leitfach: *Geographie*

Titel der Arbeit:

**Alternativen zur Honigbiene für die Bestäubung von Kulturpflanzen**

Verfasser:
*Simon Lange*

Abgabetermin: 7.11.2017

# Inhaltsverzeichnis

# Einleitung

Vom „Bienensterben" hatte ich das erste Mal gehört, als ich 14 Jahre alt war und mir den Dokumentarfilm "More than Honey" von Markus Imhoof ansah. Im Internet spricht man mittlerweile von einer ökologischen Katastrophe oder gar vom „Jüngsten Gericht". Dystopische Bilder von toter Landschaft ohne jegliches Grün werden prophezeit. Das im Internet gelegentlich übertrieben wird und es viele Falschmeldungen gibt, beweist ironischerweise das bekannteste Bienensterben-Zitat.

*"If the bee disappeared off the surface of the globe, then man would have only four years of life left. No more bees, no more pollination, no more plants, no more animals, no more man."*
(ein Albert Einstein nachgesagtes Zitat)

Auch wenn Einstein diese Aussage nie gemacht hat, möchte ich die gegenwärtige Situation der Bienen besser verstehen, um heraus zu finden, ob nicht etwas Wahrheit im Zitat steckt. Wie steht es um die Biene? Was für Möglichkeiten und Alternativen hat der Mensch, um weiterhin seine Felder und Äcker zu bestäuben? Wer ersetzt die Honigbiene, wenn es um die weltweite Bestäubung unserer Nutzflächen geht? Diese Arbeit befasst sich mit der Bedeutung von Honigbienen, dem Bienensterben und analysiert mögliche Bestäuberalternativen.

# 1 Die Bedeutung der Honigbiene

## 1.1 Bestäubung von Blütenpflanzen

Zuerst sollte die Frage geklärt werden, warum Bienen so wichtig für unser Ökosystem sind. Honigbienen ernähren sich von Pflanzennektar, aus dem sie später Honig produzieren, mit dem sie überwintern und ihre Nachkommen ernähren. Im Ausgleich bestäuben sie Pflanzen, indem sie Pollen weitergeben, die während des Verzehrs von Nektar an ihren Körper haften, um so eine andere Pflanze, derselben Art, mit eben diesen Pollen zu bestäuben. Diese Kooperation zwischen Arten wird auch Symbiose genannt. Es gibt rund 150.000 Blumen besuchende Bestäuber. Die Mehrheit davon sind Fliegen, Schmetterlinge, Motten, Bienen, Wespen und Käfer sowie eine kleine Anzahl von Wirbeltierbestäubern wie Vögel, Fledermäuse und einige nicht fliegende Säugetiere (vgl. Kremen 2008:11). Zu den häufigeren und produktivsten Bestäubergruppen zählt die Biene, von der es zwischen 25.000 und 30.000 verschiedene Arten gibt (Atkins 2016:110). Weltweit setzen 85% der Blütenpflanzen auf Bestäuber (Atkins 2016:164).

73% der Besucher von bestäubungsabhängigen Pflanzen sind Bienen. Bestäuber neben den Bienen haben sich meist häufig auf einzelne Blütenformen angepasst, oder nutzen Nektar nur als Ergänzung zu ihrer herkömmlichen Nahrung.

## 1.2 Bestäubung von landwirtschaftlichen Kulturpflanzen

Auch für Menschen sind Bestäuber von großer Bedeutung, da die landwirtschaftlich angebauten Nutzpflanzen ebenso von ihnen abhängen wie Wildpflanzen. Weltweit werden nur ein dutzend Arten als Bestäuber kommerzialisiert, obwohl es tausende von Spezies gibt, die Pflanzen bestäuben. Tiere bestäuben rund 75% aller Kulturpflanzen weltweit (USDA 2005:1), wovon die westliche Honigbiene *Apis mellifera* rund 90% Anteil einnimmt (Kremen 2008:10). Damit ist sie der am meisten verbreitete Bestäuber weltweit. In Europa sind 84% der 264 Pflanzenarten durch Tiere bestäubt, und dank der Bestäubung durch Bienen gibt es 4.000 Gemüsesorten (Atkins 2016:279). Die wichtigsten Kulturpflanzen in unserer Ernährung, einschließlich Früchte und Gemüse, sowie der Ernten, die als Tierfutter in der Fleisch- und Milchproduktion verwendet werden, würden durch einen Rückgang von Insektenbestäubern und besonders Honigbienen stark beeinträchtigt werden; insbesondere betroffen wären die Produktion von Äpfeln, Erdbeeren, Tomaten und Mandeln (Atkins 2016:279). Diese Abhängigkeit von einer einzelnen Spezies ist riskant, weil Millionen von Menschen auf die Erfüllung ihrer Aufgabe angewiesen sind.

Im Folgenden wird die Bedeutung der Honigbiene für unsere Ernteproduktion anhand der Tabelle (Abbildungsverzeichnis A) auf Seite 5 herausgearbeitet. In der ersten Zahlenspalte der Tabelle ist die Abhängigkeit von Nutzpflanzen auf Bestäubung durch Insekten zu erkennen. Von 14 aufgeführten Kategorien sind 9 zu 100%, oder bis zu 100% von Insektenbestäubung abhängig. Die zweite Zahlenspalte zeigt den Anteil der jeweiligen Insektenbestäuber, der durch Bienenbestäubung bestimmt wird. Aus dieser zweiten Zahlenspalte ist zu entnehmen, dass von den 9 genannten bis zu 100% insektenabhängigen Kategorien 6 zu 90%-100% von Bienen bestäubt werden. Demnach sind viele etablierte Nahrungsmittel wie Erntefrüchte, Gemüse und Nüsse fast ausschließlich auf Honigbienen angewiesen.

Doch auch Nutzpflanzen, die nicht direkt als eine Nahrungsquelle für Menschen genutzt werden, sind vertreten. Baumwolle, Sonnenblume als Edukte sowie Nahrungsmittel, z. B. Luzerne und Sojabohnen, die für die Tierhaltung von Bedeutung sind, werden größtenteils durch *Apis mellifera* bestäubt. Die westliche Honigbiene ist der bedeutsamste kommerziell genutzte Bestäuber, in den USA sogar der einzige (Johnson 2010:1). Die kommerzielle Bestäubung in den USA funktioniert, indem Imker ihre Kolonien für Bauern während der Blütenzeit zur Bestäubung anbieten. Durch die steigende Nachfrage stieg der Durchschnittspreis pro Kolonie in den letzten Jahren erheblich an, z. B. in Kalifornien von 35$ 1990 auf 75$ 2005 (Johnson 2010:3). Der Preis für gemietete Bienenkolonien stieg zwischen 2003 und 2006 von 50 US Dollar auf 140 US Dollar (Sumner&Boris 2006 nach James&Pitts-Singer 2008:219). Grund für diesen Anstieg sind vermutlich der Rückgang von Wildbienen, die auch Agrarflächen bestäuben, sowie die gestiegenen Erhaltungskosten für kultivierte Kolonien. Die Erhaltungskosten für Honigbienen stiegen aufgrund des Bienensterbens.

# 2 Das Bienensterben

Das Bienensterben zeigt sich nicht nur unter den kommerziell genutzten Bienenkolonien, vielmehr sind Wildbienen und andere Bestäuber betroffen. In Deutschland ist die Anzahl der Bienenvölker von 1970 (1992) bis 2016 von ca. einer Million auf ca. 700.000 Bienenvölker des Deutschen Imkerbundes geschrumpft (Abbildungsverzeichnis B). In den USA ist die Zahl an verwalteten Kolonien in den letzten Jahren um 50% geschrumpft (Kremen 2008:10). Das Aussterben vieler Wildbienenarten und Insektenspezies, die ihren Beitrag für die Bestäubung von Agrarflächen leisten, ist folgenden Ursachen des Bienensterbens zuzuschreiben. Dies verschärft die Abhängigkeit der Bauern von Honigbienen zusätzlich.

## 2.1 Natürliche Todesursachen von Bienen

Dass Bienen nicht nur in der Wildnis, sondern auch in der Zucht sterben, ist nicht ungewöhnlich. Das Sterben einer Bienenkolonie kann viele Ursachen haben. Bienen haben natürliche Feinde wie Hornissen oder Vögel, Milben, Pathogene wie Pilze, Bakterien, Sporen und Parasiten. Auch Umweltbedingungen können den Tod von Kolonien bedeuten. So wird ein jährlicher Verlust von 10 % der gehaltenen Bienenkolonien über den Winter erwartet und ist normal (Bingemer 2017:1).

Weitere Gründe sind der Konkurrenzkampf zwischen einheimischen und eingeführten Arten, Erregerübertragungen, Verlust des Lebensraums, invasive Pflanzen, die Nektar- und Pollenpflanzen verdrängen könnten sowie Pestizide (Johnson 2010:5). Johnson nennt auch die Bienengenetik als mögliche Ursache. Damit meint er wahrscheinlich, dass Zuchtbienen genetisch weniger gut an die erschwerten Umweltbedingungen, die im Weiteren erklärt werden, angepasst sind.

## 2.2    Colony Collapse Disorder

Ende des Jahres 2006 wurden die ersten Fälle von anomalen Bienensterben in den USA gemeldet. Bei der Hälfte aller Züchter wurden Verluste bis zu 55 % angegeben, (Johnson 2010:7). Die Verluste von Bienenkolonien entstanden, da Arbeiterbienen ungewöhnlicher Weise nicht zu ihrem Nest zurückkehrten. Dieses Phänomen wurde international "Colony Collapse Disorder" (CCD) genannt.

Obwohl es spontan keine ausgewachsenen Arbeiterbienen mehr gibt, sind keine toten Bienen im Nest zu finden. Zurück bleiben ihre Brut, die Königin und einige wenige Erwachsene (Johnson 2010:8). In bereits kollabierenden Kolonien bleibt eine unzureichende Anzahl von erwachsenen Bienen, um für die Brut zu sorgen. Die verbleibenden Arbeitskräfte scheinen aus jungen erwachsenen Bienen zu bestehen. Die Königin ist anwesend, scheint gesund zu sein und kann in der Regel noch Eier legen. Aber die verbleibende Population zögert, durch den Imker bereitgestelltes Futter zu konsumieren, und das Sammeln ist stark reduziert (Johnson 2010:8).

Es wird vermutet, dass multiple Faktoren gleichzeitig eine Rolle spielen. Häufig werden Umweltbelastungen und Pestizide als Auslöser verdächtigt. So werden die Insektizide Neonicotinoide als mögliche Ursache genannt, aufgrund ihres Potentials möglicherweise das Verhalten von Bienen zu verändern, sodass deren Fähigkeit zu bestäuben vermindert wird (Atkins 2016:335). Bis jetzt ist die Ursache von Colony Collapse Disorder noch unklar. Es gibt aber Hypothesen für die Auslöser des CCD, wovon eine davon ausgeht, dass die Kombination von Stressoren, einschließlich Milben, Krankheiten und Ernährungsstress zusammenwirken, um Bienenvölker zu schwächen. Sie bilden die Grundlage dafür, dass weitere belastende Krankheitserreger wie Pilze den endgültigen Zusammenbruch herbeiführen können (Johnson 2010:8ff).

## 2.3    Varroamilbe

Die Varroamilbe (*Varroa destructor*), ursprünglich aus Asien, wurde mit dem Import von asiatischen Honigbienen (*Apis cerana*) bei uns eingeführt. Sie ist inzwischen bei Bienenvölkern auf der ganzen Welt zu finden (Reid 2004,).

Die Bienenzucht schafft ideale Bedingungen für Parasiten (Reid 2004). Je dichter die Kolonien beisammen leben, desto einfacher ist die Übertragung der Milben. So haben Bienen, die mit weiteren Kolonien dicht zusammenleben, eine höhere Anfälligkeitsrate. So lag die höchste Befallsrate mit Varroamilben in größeren Kolonieverbänden bei 43,4 %, April - Juni 2015, allein in den USA. Im Vergleich lag der Zenit bei kleineren Verbänden bei 19,8 % (USDA 2016:1ff). Oftmals übersehen werden die Wildbienen, die mit demselben Problem befallen sind, wobei deren Auswirkungen sogar noch deutlicher sind, mit bis zu 90% Verlusten in manchen Regionen und das Aussterben vieler Arten droht (Reid 2004).

Der Grund, weshalb Wildbienen trotz geringerer Populationsdichte höhere Verluste als Zuchtbienen haben, sind die Schutzmaßnahmen der Züchter. Durch diese Schutzmaßnahmen und die Abhängigkeit von Zuchtbienen, aufgrund des Wildbienenrückgangs, stieg der Durchschnittspreis pro Kolonie in den letzten Jahren, wie oben erwähnt, erheblich an.

## 2.4 Faktoren

Die Schwächung des Immunsystems sowie steigende Stressfaktoren bei Bienen steuern einen großen Beitrag zum Bienensterben hinzu und sind mitverantwortlich für die große Zahl verlorener Bienen und ausgestorbener Wildbienen. Die folgenden Faktoren wirken sich vermutlich stark auf die Gesundheit von Bienen aus, wodurch ihre Anfälligkeit für das Colony Collapse Disorder oder auch für Parasiten und Erreger stark erhöht wird. Zudem wird vermutet, dass die Genmanipulation von Pflanzen schlecht für die Bestäuber ist. Toxine in genmanipulierten Pflanzen können Bienen in ihren Aufgaben einschränken, indem sie das Verhalten stören (Moradin 2008:206). Pestizide können wie die oben erwähnten Auswirkungen der Neonicotinoide ähnliche Einflüsse haben.

Mangelhafte Ernährung ist vermutlich ein weiterer großer Faktor. Es fehlen die notwendigen Nährstoffe die Bienen gesund halten. Dazu gehört unter anderem die Ernte der Honigwaben und deren Ersatz mit Zuckerwasser, aber auch einseitige Ernährung durch Monokulturen auf landwirtschaftlich genutzten Flächen. "Heute können Bienen in den Städten sogar mehr Nahrung finden als auf Äckern" (Bingemer 2017:1). Bienen finden in der Stadt mehr saisonal unabhängige Nahrung, die sie das gesamte Jahr über versorgen können.

Der Import von Fremdbienen und deren potentielle Übertragung von Plagen ist eine zusätzliche Bedrohung, wie am obigen Beispiel der Varroamilbe dargestellt. Bei steigender Populationsdichte der Bienenvölker besteht ferner eine erhöhte Anfälligkeit für den Befall der Milbe und anderen Parasiten (Reid 2004). Die häufige Umsiedelung der Zuchtkolonien während der Bestäubungszeit sowie der dadurch schwankende Temperatur,- Nahrungs- und Höhenunterschied, sorgen ebenfalls dafür, dass Bienen unter Stress gesetzt werden. Doch diese Bedingungen sind nicht als letzte Ursache für das Bienensterben zu sehen, sondern vielmehr als Faktoren, welche die Honigbienen belasten. Sie können den Stressfaktor summieren und das Immunsystem von Bienen schwächen, was ideale Voraussetzungen für das Colony Collapse Disorder bedeuten könnte.

Die Tabelle (Abbildungsverzeichnis C) zeigt eine Auswahl der genannten Stressfaktoren. Ausgewählt wurden Bienenhalter mit weniger als fünf Kolonien in den USA im Jahr 2015. So liegt zum Beispiel ein Befall von Varroamilben bei jedem fünften dieser Bienenzüchter, das sind 19,8%, vor.

# 3     Alternative Bestäuber

Neben Bienen tragen mehrere andere Insektengruppen (z.B. Schmetterlinge, Motten, Käfer und Fliegen) sowie einige Wirbeltiere (z. B. Kolibris und Fledermäuse) zu den Bestäubungserfordernissen von mindestens drei Vierteln von über 250.000 Arten von Blütenpflanzen weltweit bei (Atkins 2016:44). Für den Verzicht von Honigbienen als Bestäuber gibt es zwei Möglichkeiten. Entweder werden andere Arten domestiziert und gehalten, oder wilde Bestäuber werden durch Naturschutz erhalten (Kremen 2008:11). Im Folgenden werden ausgewählte alternative Bestäuber erläutert, deren Potential der Haltung und kommerziellen Nutzung untersucht sowie der Verzicht auf tierische Bestäuber analysiert.

## 3.1     Wildbienen

Allein In Deutschland gibt es rund 550 Wildbienenarten, jedoch ist etwa die Hälfte von ihnen gefährdet. Dies ist dem Verlust der voranschreitenden Biodiversität auf Wiesen und Feldern zuzuschreiben (vgl. Eberhart 2015:2). Viele Wildbienenarten sind Einzelgänger, wovon einige kommerziell als Bestäuber genutzt werden. So werden in Amerika die Luzerne-Blattschneiderbiene (*Megachile rotundata*), die in überirdischen Hohlräumen nistende *Osmia lignaria* sowie die unterirdisch nistende *Nomia melanderi* regelmäßig verwendet (vgl. Cane 2008:55). Manche Wildbienen scheinen eine effektivere Alternative zur *Apis mellifera* darzustellen. So kann das Weibchen der Rostroten Mauerbiene das 80- bis 300-fache einer Honigbiene leisten (Eberhart 2015:1).

Jedoch haben Wildbienen einen wesentlich kleineren Aktionsradius zur Bestäubung und benötigen extensiv genutzte Blüteninseln als zusätzliche Nahrungsquelle. Hummelkolonien kosten meist das Hundertfache zu einer geliehenen Bienenkolonie und bestehen nur kurze Zeit, "shifting production from workers to drones and queens after a few months" (Cane 2008:55). Für die langfristige Ansiedelung von Wildbienen auf landwirtschaftlichen Flächen ist daher der Aufwand zu groß, zumal die meisten Wildbienen keinen Honig produzieren, weshalb kommerzielle Zwecke eher speziell sind und nur für kurze Bestäubungsphasen gelten. So werden beispielsweise Hummeln für die Bestäubung von Gewächshäusern erworben oder gekühlte Kokons der Mauerbiene zur passenden Zeit ausgelegt, damit diese zur richtigen Zeit schlüpfen (vgl. Eberhart 201:2).

## 3.2    Afrikanisierte Bienen

Die afrikanisierte Biene ist eine Kreuzung zwischen europäischen Honigbienen und der afrikanischen Honigbiene *Mellifera scutellata*. Ihre Entstehung beruht darauf, dass Honigbienen ursprünglich nicht in Nord- und Südamerika existierten. Sie wurden von europäischen Siedlern eingebürgert, jedoch waren sie nicht an das tropische und subtropische Südamerika angepasst, weshalb versucht wurde, die robuste afrikanische Biene mit der europäischen Biene zu kreuzen. Geplant war, eine widerstandsfähige, jedoch zahme Bienenart zu erschaffen, da die afrikanische Honigbiene zu aggressiv war und nicht ökonomisch genutzt werden konnte. 1957 gelangten einige dieser gezüchteten Bienen in die Freiheit (Ojar 2002). Dies sind die uns heute bekannten afrikanisierten Bienen, die aufgrund ihrer Verhaltensmerkmale auch umgangssprachlich "Killerbienen" genannt werden. Sie sind aggressiver als europäische Honigbienen und widerstandsfähiger. Sie brauchen weniger Nahrung und finden sich in neuen Gebieten schneller zurecht.

Nun stellt sich die Frage, ob diese Art als kommerzieller Bestäuber geeignet ist. Dafür spricht die schnelle Anpassungsfähigkeit an ihren Lebensraum und die Robustheit, wenn Nahrung knapp wird. Zudem könnten sie in tropischeren Regionen eingesetzt werden. Sie sind sogar die besseren Bestäuber, da sie mehr Fokus auf die Nahrungssuche als auf die Honigproduktion legen (Ojar 2002 ). Ferner zeigen sie eine Resistenz gegenüber Varroa Milben (Reid 2004). Gegen ihre Nutzung spricht, dass sie sich in kälteren Zonen nicht so gut halten, wie ihre Artgenossen. Außerdem hätten Bienenzüchter, die die Bienen gegen Bezahlung auf Nutzflächen ansiedeln, aufgrund fehlender Honigproduktion keinen rentablen Nebenverdienst.

Hinzu kommt das Risiko, dass die afrikanisierten Bienen ihr zugewiesenes Nest ablehnen und verlassen. Außerdem stellen sie aufgrund ihrer Aggressivität eine Gefahr für die Bevölkerung dar (vgl. Ojar 2002). Es gibt bereits Meldungen von Todesopfern und Angriffen auf Menschen, doch diese würden um ein vielfaches ansteigen, sollten afrikanisierte Bienen großflächig etabliert werden.

Eben diese unerwünschten Eigenschaften der afrikanisierten Biene waren 1957  der Grund der durchgeführten Experimente an afrikanischen Bienen. Die genannten Gründe machen verständlich, dass afrikanisierte Bienen bis heute nicht die Aufgabe ihrer zahmeren Artgenossen übernehmen können und kommerziell ungeeignet sind.

## 3.3   Andere Insekten

Weitere bestäubende Insekten sind unter anderem Fliegen, Käfer, Schmetterlinge, darunter Nachtfalter (Motten). Fliegen können im Gegensatz zu Honigbienen auch bei niedrigen Temperaturen aktiv sein. Dadurch haben sie täglich ein größeres Zeitfenster für die Bestäubung (Künast et al. 2014:7). Neben ihrem Beitrag zur Bestäubung, den die Schwebfliegen leisten, unterstützen die Larven einiger Arten die Schädlingsbekämpfung, da sie sich von Blattläusen ernähren (Künast et al. 2014:7).

Da Blumen die Nahrungsquelle für eine Vielzahl von Käferarten sind, tragen diese in gewissem Maß zur erfolgreichen Bestäubung bei. Allerdings ernähren sich Käfer auch von der Pflanze selbst, eine für die Landwirtschaft unerwünschte Eigenschaft. Die wenigen Pflanzenarten, die auf Bestäubung durch Käfer angewiesen sind, besitzen in der Regel Fruchtblätter, die gut gegen die kräftigen Mundwerkzeuge von Käfern geschützt sind (Künast et al. 2014:9).

Schmetterlinge, zu dieser Ordnung gehören unter anderem die Familien Tagfalter und Nachtfalter (Motten), ernähren sich in ihrer erwachsenen Form ausschließlich von Nektar und bevorzugen Blüten, die intensive Farben besitzen und eine große Oberfläche der Blütenblätter haben (USDA 2005:4). "Durch ihr speziell ausgebildetes Mundwerkzeug[1] ist das zur Verfügung stehende Nahrungsangebot begrenzt. Blumen, die auf Bestäubung durch Schmetterlinge angewiesen sind, bieten in der Regel mehr Nektar als Pollen. Die Blüten von Blumen, deren Bestäubung durch Nachtfalter erfolgt, sind nachts geöffnet, um von der Zeitspanne zu profitieren, in der Falter am aktivsten sind. Die meisten Raupen ernähren sich von Blattwerk und verursachen damit häufig erhebliche Schäden an den Blättern von Wild- und Nutzpflanzen. Die Nahrungsquellen sind häufig auf bestimmte Pflanzen und einen lokal begrenzten Raum beschränkt, da Raupen an eine ganz bestimmte Pflanzenart angepasst sein können und wenige Wirtspflanzen für die Arterhaltung auswählen" (Künast et al. 2014:9 ). Besonders die Eigenschaft, dass sich die Raupen von den Blättern der zu bestäubenden Pflanzen ernähren können, spricht gegen die kommerzielle Nutzung der Schmetterlinge für die Bestäubung. Im Larvenstadium benötigen die meisten "Nicht-Bienen-Insektenbestäuber" weitere Lebensräume. Oft sind sie auf spezielle Pflanzenarten angewiesen, die ihnen als Nahrung dienen, oder sie müssen andere Besonderheiten aufweisen, damit sich die Larven entwickeln können (Künast et al. 2014:41).

---

[1] Saugrüssel

## 3.4 Wirbeltiere

Auch Wirbeltiere wie Vögel und Säugetiere bestäuben. Unter den Vögeln sind Familien wie Kolibris, Honigfresser, Honigsauger und Brillenvögel vertreten. Auf der Säugetierseite machen Fledermäuse den Großteil aus (Regan et al. 2015:399).

Diese Vögel sind jedoch erstens Einzelgänger (Solitäre) und zweitens nicht an einen Ort gebunden. So müssen Bienen zu ihrer Königin zurückkehren und bestäuben somit "nur" die nähere Umgebung. Im Vergleich können Vögel weite Strecken zurücklegen oder bevorzugte Wildblumen suchen. Dies ist jedoch eine unerwünschte Eigenschaft für die Haltung als Bestäuber. Eine kommerzielle Haltung von Vögeln ist daher unmöglich. Es müsste der unrealistische Fall eintreten, dass auf einer isolierten Fläche, z. B. einer Insel, die einzige Nektarquelle Agrarflächen wären.

Fledermäuse hingegen sind keine Einzelgänger. Unter ihnen gibt es auch sich von Nektar ernährende Arten. Diese bestäuben Pflanzen, die meist nachts ihre Blüten öffnen. So "verlassen sich" Bananen, Mangos, Datteln, Feigen, Pfirsiche, Cashewnüsse, Guaven, Avocados und Agaven zur Bestäubung auf Fledermäuse (USDA 2005:4). Sie können jedoch nicht als Ersatz für Honigbienen gesehen werden, da sie ihre eigene ökologische Nische gefunden haben. Doch Vögel und Säugetierbestäuber sind wie Insekten gefährdet auszusterben (Regan et al. 2015:397).

Hierbei ist die Ausbreitung landwirtschaftlicher Flächen ein großer Faktor für die Gefährdung von Vogel- und Säugetierbestäubern (Abbildungsverzeichnis D), wobei die Jagd auf Säugetierbestäuber die Hauptursache für deren Gefährdung ist. Obwohl Pestizide keiner der aufgeführten Ursachen ist, werden sie als Faktor verdächtigt (vgl. Atkins 2016:155).

## 3.5　Künstliche Bestäubung

Schon lange ist unter Gärtnern bekannt, dass man die eigenen Pflanzen von Hand bestäuben kann. Dies wird auch "mechanische Bestäubung" genannt. Kommerziell wird diese Methode selten angewandt. In der Chinesischen Provinz Sichuan müssen Birnenbäume aber mittlerweile von Hand bestäubt werden, da vermutlich durch den Einsatz von Pestiziden 1980 alle Bienen starben (Atkins 2016:4ff). Den globalen Bestäubungsbedarf könnte man mit menschlichen Arbeitskräften nicht decken, zumal auch die Kosten den großflächigen Einsatz von Menschen für die Bestäubung unwirtschaftlich machen würden. Würde diese Form der Bestäubung angewandt, würde sie allein in den USA schätzungsweise 90 Milliarden Dollar jährlich kosten (Atkins 2016:5).


Neuerdings werden Überlegungen angestellt, ob Roboter diese Aufgabe übernehmen können. So schaffte es eine japanische Forschungsgruppe mit Drohnen, ähnlich groß wie Insekten, einzelne Blüten zu bestäuben (Prisco 2017). Da dieser Versuch jedoch bisher nur in einer Forschungsumgebung durchgeführt wurde, hat er wenig Aussagekraft für die Durchsetzbarkeit eines solchen Projekts im großen Stil. So wurden nur zwei Pflanzen im Versuch verwendet. Diese besitzen leicht zugängliche, offene Blüten und lange Stempel und Staubblätter (Osterkamp 2017). Aber diese Idealvoraussetzung ist bei vielen Kulturpflanzen nicht gegeben. Die "RoboBee" ist ein Projekt, bei dem versucht wird, einen Roboter zu entwickeln, der die Bestäubungsfähigkeiten eines Insekts besitzt. "Robotic bees could even be used as artificial pollinators, temporarily substituting for real bee" (Anm.: Wood bezieht sich dabei auch auf die Dauer des Batteriebetriebs der RoboBee) "although because researchers are still in the early stages of creating these machines, that application could be 20 years away" (Wood nach Savage 2015:2).


Allgemein haben die technischen Ansätze bisher folgende Probleme, die erst gelöst werden müssen: unterschiedliche Technik für unterschiedliche Blütenformen; Batterie für ganztägigen Betrieb; Verzicht auf zentrale Steuerung, statt dessen intelligentes Schwarmverhalten mit künstlicher Intelligenz für optimale Bestäubungswege; Wind als Störfaktor ausschalten; hochauflösende Kamera; Kosten und Wirtschaftlichkeit bei Großeinsatz (Osterkamp 2017, Beuth 2017). Auch Wechselwirkungen mit dem Ökosystem sind nicht bekannt. So könnten Vögel die Drohnen als Insekten verwechseln und versuchen, sie zu fressen.

# 4     Fazit und Handlungsalternativen

Keine andere Art oder Technologie kann bisher die Aufgabe der Honigbienen übernehmen. Das bedeutet, keine der genannten potentiellen Alternativen kann derzeit und in absehbarer Zukunft den globalen Bestäuberbedarf decken. Alternative Bestäuber leiden unter ähnlichen Problemen wie Honigbienen, weshalb es wichtig ist, nicht nur die Honigbienen, sondern auch andere Bestäuber und das Ökosystem zu erhalten. Alle bisher zu verzeichnenden Auswirkungen von Bienensterben, Artensterben und der Rückgang der Biodiversität, sind auf den Eingriff des Menschen zurückzuführen.

Das US Department for Agriculture (USDA) weist darauf hin, das Bestäuber einen ökologischen Beitrag leisten und durch ihre einzigartigen Anpassungen an lokales Klima, Boden und Vegetation für die Umwelt und die Wirtschaft außerordentlich wertvoll sind. Trotz ihrer Bedeutung werden sie hinsichtlich ihrer Arbeit für ein gesundes Ökosystem oft nicht ausreichend anerkannt. Als Handlungsalternative schlägt das USDA vor, dass private Landbesitzer den Lebensraum natürlicher Bestäuber vergrößern könnten. Maßnahmen dafür können zum Beispiel das Anpflanzen geeigneter Vegetation, die Bereitstellung von Wasser und die Begrenzung von Pestizidgebrauch sein (USDA 2005:8).

Das Ökosystem ist sensibel. Unser verantwortungsloser Umgang mit der Natur in unterschiedlichen Bereichen erhöht das Risiko eines Zusammenbruchs des Ökosystems. So sind uns die Auswirkungen von genmodifizierten Pflanzen, Pestiziden, dem Klimawandel und weiteren menschlichen Ursachen meist gar nicht bewusst. Anstatt das Bienensterben einer Ursache wie der Varroamilbe zuzuschreiben, sollte uns bewusst werden, dass es eine Kombination aus Gründen gibt, die der Mensch zu verantworten hat (vgl. Atkins 2016:340).

"This is having and will have, untold, unknowable consequences on the ecosystem, on other species of flora and fauna, and ultimately on all life on planet Earth" (Atkins 2016:340).

# 5   Quellen

## 5.1   Abbildungen mit Quellen

**A**

**Table 1. Estimated Value of the Honey Bee to U.S. Crop Production, 2000 Estimates**

| Crop Category (ranked by share of honey bee pollinator value) | Dependence on Insect Pollination | Proportion of Pollinators That Are Honey Bees | Value Attributed to Honey Bees[a] ($ millions) | Major Producing States[b] |
|---|---|---|---|---|
| Alfalfa, hay & seed | 100% | 60% | 4,654.2 | CA, SD, ID, WI |
| Apples | 100% | 90% | 1,352.3 | WA, NY, MI, PA |
| Almonds | 100% | 100% | 959.2 | CA |
| Citrus | 20%-80% | 10%-90% | 834.1 | CA, FL, AZ, TX |
| Cotton (lint & seed) | 20% | 80% | 857.7 | TX, AR, GA, MS |
| Soybeans | 10% | 50% | 824.5 | IA, IL, MN, IN |
| Onions | 100% | 90% | 661.7 | TX, GA, CA, AZ |
| Broccoli | 100% | 90% | 435.4 | CA |
| Carrots | 100% | 90% | 420.7 | CA, TX |
| Sunflower | 100% | 90% | 409.9 | ND, SD |
| Cantaloupe/honeydew | 80% | 90% | 350.9 | CA, WI, MN, WA |
| Other fruits & nuts[c] | 10%-90% | 10%-90% | 1,633.4 | — |
| Other vegetables/melons[d] | 70%-100% | 10%-90% | 1,099.2 | — |
| Other field crops[e] | 10%-100% | 20%-90% | 70.4 | — |
| **Total** | — | — | **14,564** | — |

**Source:** Compiled by CRS using values reported in R. A. Morse, and N.W. Calderone, *The Value of Honey Bees as Pollinators of U.S. Crops in 2000*, March 2000, Cornell University, http://www.masterbeekeeper.org/pdf/pollination.pdf.

a. Attributed value is the additional value of production attributable to honey bees, in terms increased yield and quality achieved from honey bee pollination, including the indirect benefits of bee pollination required for seed production of some crops. Calculated from total average production value (1996-1998).

b. For most commodities, major producing states reflect reported 2006 production (http://www.nass.usda.gov/QuickStats/). Melon production is based on reported 2002 harvested acreage.

c. Apricots, avocados, blueberries, brambleberries, cherries, cranberries, grapes, kiwi fruit, macadamia nuts, olives, peaches, pears, nectarines, plums, and strawberries.

d. Asparagus, cauliflower, celery, cucumbers, pumpkins, squash, watermelon, and vegetable seeds.

e. Peanuts, canola (rapeseed), and sugarbeets.

Johnson, Renée, 2010:2. *Honey Bee Colony Collapse Disorder*. CRS Report. Congress Washington. http://cursa.ihmc.us/rid=1JJM69DXL-27XB9CC-12CF/bees.pdf [Zugriff 31.10.2017].

**B**

## Anzahl der Bienenvölker
(Stichtag jeweils 31. Dezember - Stand: 31.12.2016)

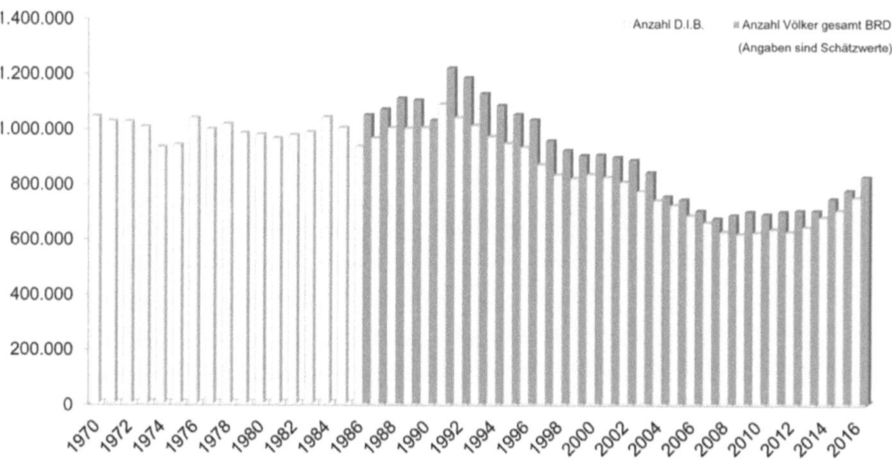


Deutscher Imkerbund e.V. 2017. *Imkerei in Deutschland: Zahlen-Daten-Fakten(D.I.B.-Mitgliederstatistik.*
http://deutscherimkerbund.de/161Imkerei_in_Deutschland_Zahlen_Daten_Fakten
[Zugriff 4.11.2017]

**C**

**Colony Health Stressors with Less than Five Colonies – United States: Annual 2015**

[Percent of colonies affected by stressors anytime during the year. A colony may be affected by multiple stressors during the year]

| Item | Varroa mites | Other pests and parasites [1] | Diseases [2] | Pesticides | Other [3] | Unknown |
|---|---|---|---|---|---|---|
| | (percent) | (percent) | (percent) | (percent) | (percent) | (percent) |
| Colonies affected .................... | 19.8 | 12.5 | 2.2 | 4.9 | 15.5 | 20.8 |

[1] Tracheal mites, nosema, hive beetle, wax moths, etc.
[2] Includes American and European foulbrood, chalkbrood, stonebrood, paralysis (acute and chronic), kashmir, deformed wing, sacbrood, IAPV, Lake Sinai II, etc.
[3] Includes weather, starvation, insufficient forage, queen failure, hive damage/destroyed, etc.

US Department of Agriculture 2016:14. *Honey Bee Colonies.* Staatliche Zählung National Agricultural Statistics Service (NASS), Agricultural Statistics Board, United States Department of Agriculture (USDA).
https://www.usda.gov/nass/PUBS/TODAYRPT/hcny0516.pdf [Zugriff 31.10.2017]

# D





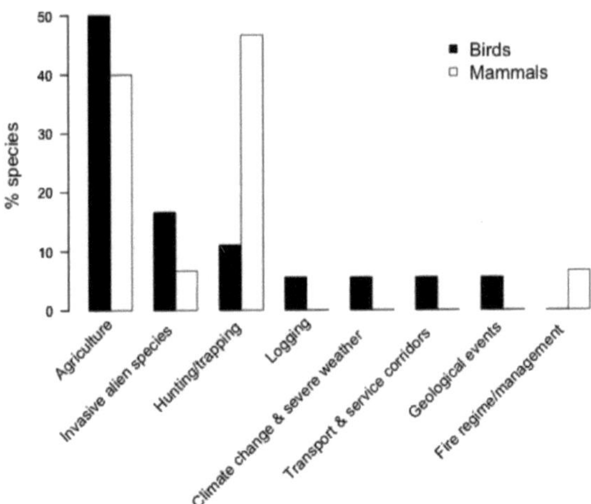


**Figure 2** Drivers of declines in status for pollinator birds (1988–2012) and mammals (1996–2008).

Regan Eugenie C., Santini Luca, Ingwall-King Lisa, Hoffmann Michael, Rondinini Carlo, Symes Andy, Taylor Joseph, Butchart Stuart H.M. 2015:400. *Global Trends in the Status of Bird and Mammal Pollinators.* http://onlinelibrary.wiley.com/doi/10.1111/conl.12162/epdf [Zugriff am 31.10.2017].

# 5.2    Literaturnachweis

Beuth Patrick. 2017. *Drohnen für den Blümchensex. Mini-Quadrocopter plus Pferdehaar gleich Ersatzbiene? Forscher in Japan entwickeln Drohnen, die Blüten bestäuben können. Im Labor funktionieren sie.* ZEIT Online 13. 2. 2017. http://www.zeit.de/digital/mobil/2017-02/bienensterben-drohne-blueten-bestaeuben [Zugriff 4.11.2017].


Bingemer, Susanna. 2017. *Unter die Flügel greifen.* Süddeutsche Zeitung 26.05.2017: 28-30.


Cane, James H.. 2008.Pollinating Bees Crucial to Farming Wildflower Seed for U.S. Habitat Restoration. In: *Bee Pollination in Agricultural Ecosystems* James Rosalind R. und Pitts-Singer Theresa L., Hgg. S.11-26. New York: Oxford University Press


Deutscher Imkerbund e.V. 2017. *Imkerei in Deutschland: Zahlen-Daten-Fakten(D.I.B.-Mitgliederstatistik.* http://deutscherimkerbund.de/161Imkerei_in_Deutschland_Zahlen_Daten_Fakten [Zugriff 4.11.2017]


Eberhart, Bernd. 2015. *Honig- und Wildbienen: Bestäubung im Team.* http://www.stuttgarter-zeitung.de/inhalt.honig-und-wildbienen-bestaeuben-im-team.5e653797-beaa-46ea-9b97-8d6684f0351e.html [Zugriff am 31.10.2017].


James Rosalind R. und Pitts-Singer Theresa L.. 2008. The Future of Agricultural Pollination. In: *Bee Pollination in Agricultural Ecosystems* James Rosalind R. und Pitts-Singer Theresa L., Hgg. S.11-26. New York: Oxford University Press


Jill, Atkins und Barry Atkins, Hgg. 2016. *The Business of Bees: An Integrated Approach to Bee Decline and Corporate Responsibility.* New York: Taylor & Francis


Johnson, Renée, 2010. *Honey Bee Colony Collapse Disorder.* CRS Report. Congress Washington. http://cursa.ihmc.us/rid=1JJM69DXL-27XB9CC-12CF/bees.pdf [Zugriff 31.10.2017].


Kremen, Clare. 2008. Crop Pollination Services From Wild Bees. In: *Bee Pollination in Agricultural Ecosystems* James Rosalind R. und Pitts-Singer Theresa L., Hgg. S.11-26. New York: Oxford University Press


Künast, Christoph, Riffel Michael, Graeff Robert de und Whitmore Gavin. 2014. *Die Bedeutung der Bestäuber für die Landwirtschaft: Landwirtschaftliche Produktivität und Bestäuberschutz.* https://www.europeanlandowners.org/files/pdf/2014/Pollinators_DE_FIN2_LR.pdf [Zugriff 1.11.2017].


Morandin, Lora A.. 2008. Genetically Modified Crops: Effects on Bees and Pollination. In: *Bee Pollination in Agricultural Ecosystems* James Rosalind R. und Pitts-Singer Theresa L., Hgg. S.11-26. New York: Oxford University Press


Ojar, Cristina. 2002 *Introduced Species Summary Project Africanized Honey Bee (Apis mellifera scutellata).* http://www.columbia.edu/itc/cerc/danoff-burg/invasion_bio/inv_spp_summ/Apis_mellifera_scutellata.htm [Zugriff am 31.10.2017].


Osterkamp Jan. 2017. Fliegender Supergel-Pinselroboter versucht, Bienen zu ersetzen. SPEKTRUM.de. 9.02.2017. http://www.spektrum.de/news/fliegender-supergel-pinselroboter-versucht-bienen-zu-ersetzen/1437928 [Zugriff 4.11.2017].


Prisco, Jacopo. 2017. *Researchers use drone to pollinate a flower.* http://edition.cnn.com/2017/03/09/world/artificial-pollinator-japan/index.html [Zugriffam 31.10.2017].

Reid, Brendan. 2004. *Introduced Species Summary Project
Varroa Mite (Varroa destructor)*. http://www.columbia.edu/itc/cerc/danoff-
burg/invasion_bio/inv_spp_summ/varroa_destructor [Zugriff am 31.10.2017].

Regan Eugenie C., Santini Luca, Ingwall-King Lisa, Hoffmann Michael, Rondinini Carlo, Symes
Andy, Taylor Joseph, Butchart Stuart H.M. 2015. *Global Trends in the Status of Bird and Mammal
Pollinators*. http://onlinelibrary.wiley.com/doi/10.1111/conl.12162/epdf [Zugriff am 31.10.2017].

Savage, Neil. 2015. *Aerodynamics: Vortices and robobees*.
https://www.nature.com/nature/journal/v521/n7552_supp/full/521S64a.html [Zugriff am 31.10.2017].

US Department of Agriculture 2016. *Honey Bee Colonies*. Staatliche Zählung National Agricultural
Statistics Service (NASS), Agricultural Statistics Board, United States Department of Agriculture
(USDA). https://www.usda.gov/nass/PUBS/TODAYRPT/hcny0516.pdf [Zugriff 31.10.2017]

U.S. Department of Agriculture. 2005. *Native Pollinators*.
https://plants.usda.gov/pollinators/Native_Pollinators.pdf [Zugriff am 31.10].